T文库

数字只说 10 件事

NUMBERS

10 Things You Should Know

[英] 科林 · 斯图尔特 / 著

谢湿檀 / 译

贵州出版集团
贵州人民出版社

著作权合同登记号 图字：22-2024-006 号

图书在版编目（CIP）数据

数字只说 10 件事 /（英）科林·斯图尔特著；谢湿檀译 . -- 贵阳：贵州人民出版社，2024.1（2024.7 重印）
（T 文库）
书名原文：Numbers
ISBN 978-7-221-18171-8

Ⅰ . ①数… Ⅱ . ①科… ②谢… Ⅲ . ①数学 – 普及读物 Ⅳ . ① O1-49

中国国家版本馆 CIP 数据核字 (2023) 第 255770 号

SHUZI ZHISHUO 10 JIAN SHI
数字只说 10 件事
[英] 科林·斯图尔特 / 著
谢湿檀 / 译

选题策划　轻读文库　　出 版 人　朱文迅
责任编辑　蒋　莉　　特约编辑　姜　文

出　　版　贵州出版集团　贵州人民出版社
地　　址　贵州省贵阳市观山湖区会展东路 SOHO 办公区 A 座
发　　行　轻读文化传媒（北京）有限公司
印　　刷　北京雅图新世纪印刷科技有限公司
版　　次　2024 年 1 月第 1 版
印　　次　2024 年 7 月第 2 次印刷
开　　本　730毫米 × 940毫米　1/32
印　　张　3.5
字　　数　65 千字
书　　号　ISBN 978-7-221-18171-8
定　　价　25.00 元

关注轻读

客服咨询

献给玛格丽特姑妈

目录

前言

“万物皆数。”

——毕达哥拉斯

对很多人而言，生活的乐趣因数学而减少，因为数学实在是又沉闷，又枯燥，又无聊，又乏味。也难怪学生票选最不喜欢的科目时，数学经常以压倒性票数位列第一，而有些成年人到现在还会做跟数学有关的噩梦。

但对我来说，数学从来不是这样。我是那种会坐在自家窗前，数着家门口有几种颜色的汽车经过，然后做成柱状统计图的孩子；是那种会在笔记本里密密麻麻写下加减乘除算式，还经常捣鼓计算器的孩子。我至今都还记得当初玩计算器时，意外发现了除以10或乘以10就可以让小数点向左或向右移动之后，心里涌上来的那股子激动劲儿。我在数学图形和序列中找到了乐趣。

当然，不可否认的是，数学也确实令人崩溃。比如上大学时，我有一次要计算一颗恒星的内部压强，结果足足演算了两页纸的方程式后，才发现我在第一页中间的某处把减号写成了加号。这简直就跟毛衣都快织完了，却发现前面织错了一针，只好全拆了倒回去重织一样。

但归根结底，数学是一门语言，所以和其他语言一样，讲究熟能生巧。只不过在数学里，数字成了形容词、名词、代词、动词，加减符号则取代了逗号和句号。

和文字一样，数字也有一种流畅、简洁的韵味，有一种音乐性和节奏感。而且，数字还拥有不朽的力量：经过数学证明的东西，不像在其他科学里那样可以被证伪；就算经历了沧海桑田，数学证明过的东西也不会改变。在下文中，我们就会看到这样的一些证明，希望到时你能像欣赏贝多芬或波提切利的作品一样，体会到这些数学杰作中蕴含的美。可以说，数学是最不被欣赏的一种艺术形式。

此外，我们还会看到数字怎样赋予了世界永恒的丰富性，进而帮助我们处理其中的复杂性。数字构成了一条条看不见的线，将我们的成就编织在一起。我们在20世纪取得的所有技术进步，全都得益于对数字越来越得心应手的运用。而在21世纪，我们或许得靠着这个来拯救自己。

接下来，就让我们一起去看看人类到底是如何一点点掌握数字的吧。这趟旅程会以千百万年前我们刚开始数数为起点，以这些数字到底能不能数完为终点。旅途中，您或许会发现原本在学校学到的一些数学“规则”，或许并不像老师讲的那样完全是“不易之典”。当然，这趟旅途中最重要的收获，还是会让您认识到数字到底能有多么妙趣横生、多么出人意料，能同我们的日常生活多么息息相关。

希望您读完本书后，也能认同我的观点：生活的精彩从来都不会因为数学而减少——只会增加。

Chapter 1

指和趾是早期的算盘

莱邦博山脉东邻莫桑比克，西接南非著名的克鲁格国家公园，绵延800千米。20世纪70年代，考古学家彼得·博蒙特在这片高山低谷中挖出了一件令人难以置信的东西：一根狒狒的腿骨。

这根腿骨乍一看平平无奇，但仔细观察就会发现上面有29条刻痕。后来的分析表明，这根腿骨至少已有4.3万年的历史，可以说是人类拥有计数能力的最早证据。腿骨上的刻痕可能是早期天文学家用来追踪月相（每29.5天循环一次），或是女性用来记录月经周期①的。

无独有偶，在今天刚果民主共和国伊尚戈地区也发现了类似的骨器，其历史则可以追溯到2万年前。这样算来，人类至少在2万年时间里一直都在用骨器计数。在此期间，人们逐渐掌握了更加复杂的计数方法，刻痕出现了分组排列，有些还只记录了奇数。研究人员推测，这是人类建立数字系统的早期尝试。

今天的数字系统仍然采用分组计数。比如我们现在使用的十进制以0 ~ 9十个符号表示数字，数到10的时候并不会出现全新的符号，而是用现有的符号1和0来表示。为什么是数到10呢？因为我们有10根

---

① 由于骨头破碎，所以29条刻痕可能是巧合，实际上的刻痕可能更多。（本书的脚注除单独注明外，均为原注）

手指。所以，英文中把表示数字的符号称作digits[②]，也就算不上什么巧合了。我们小时候学习数数时，也是用手指，1根手指就代表1个数字，所以我们数数的基数都是10。假如我们有8根或12根手指，可能就改用八进制或十二进制了。

一个特定计数系统中的每个数都与其基数有关。例如，英文里的13(thirteen）实际上就是“thir-”（3）加“-teen”（10）; 21（twenty-one）就是“twen-”（2）个“-ty”（10）加“one”（1）。不过，eleven（11）和twelve（12）为什么不是“one-teen”（1加10）或“two-teen”（2加10）呢？那是因为eleven和twelve来自古英语单词endleofan和twelf，而这俩单词又源于日耳曼语单词ainlif和twalif，意为“剩1个”和“剩2个”：减去10之后剩下的部分，也就是说，第一个人用完了十根手指之后，第二个人需要伸出几根手指才能表示这些数字。所以，我们数数时都是十个一组。

英文中的eleven 和twelve之所以在构词上不同于其他数字，一定程度上可能是因为我们时不时会偏离十进制系统。比如，罗马历法最初只有10个月（10个月亮），但通常一年有12次满月，所以人们便增加了January（1月）和February（2月），使得

② Digits有两个含义，一是手指或脚趾，二是数字。

原本的Quintilis（第五个月）和Sextilis（第六个月）变成了第七个月和第八个月，并被改叫July（7月）和August（8月），以纪念尤利乌斯·恺撒（Julius Caesar）及其继任者奥古斯都（Augustus）。在一年之始增加了两个月，最后四个月的名称当然也被搞乱了——现在英文中的September（9月）、October（10月）、November（11月）、December（12月）其实是原来的第七、第八、第九、第十个月。但大家已经懒得再去改这几个了。

十二进制也被广泛应用于其他方面。比如1英尺等于12英寸，或者英国在1971年将货币改为十进制前，1先令等于12便士——而且当时的货币系统相当复杂，1英镑又等于20先令，采用的是二十进制。

当然，二十进制也比你以为的更常见。说到底，手指不够用了，干吗不用脚趾？包括坎伯兰语、康沃尔语和古威尔士语在内的许多凯尔特语系都选用过二十进制，英格兰北部一种被称为"Yan tan tethera"的传统数羊方法便是如此。所谓的"Yan tan tethera"，其实就是1、2、3，数到了20后（通常被称作jiggit，但也有别的叫法[③]），牧羊人要么在

---

③ 我丈母娘家之前一直住在温斯利代尔，那里对1～20的称呼为：yain、tain、eddero、peddero、pitts、tayter、later、overro、coverro、disc、yain disc、tain disc、ederro disc、peddero disc、bumfitt、bumfitt yain、bumfitt tain、bumfitt ederro、bumfitt peddero、jiggitt。

口袋里放一块鹅卵石，要么把手挪到曲柄杖上的另一个标记处，最后再数一下有多少组20。

或许是受凯尔特文化影响，现代法语中的计数融合了两种不同的基数。法语中的40（quarante）、50（cinquante）、60（soixante）遵循的计数规则和英语相同，但数到80时突然就不是10的8倍了，而是成了20的4倍（quatre-vingts），二十进制的影响可见一斑。当然，法语并不是唯一把基数搞乱的语言。巴布亚新几内亚的布基亚普语甚至融合了三进制和四进制，数椰子和鱼的时候用前者，数坚果和香蕉的时候则使用后者。

巴布亚新几内亚的奥克萨普明人数数时，不光会用到手指和脚趾，他们的二十七进制系统会用上半身的二十七个特定部位来代表不同的数字。从右手的拇指（1）开始数，数完手指再沿着手臂数到右肩（10），然后沿颈部向上数，经过右耳（12）、右眼（13）、鼻子（14）、左眼（15），再沿颈部左侧数到左肩（18），沿左手臂数最后数到左小指（27）。

这么大的基数听起来可能笨拙，但我们其实经常想都不用想就会使用六十进制。毕竟，比如，我们会把1小时分为60分钟，把1分钟分成60秒，而这个系统则要归功于6000年前生活在美索不达米亚南部的古苏美尔人。

我们还曾短暂尝试过其他的计时系统。1793年，也就是法国大革命爆发4年后，法国人开始采用共和历。这种历法对十进制的推崇可谓无以复加：虽然保留了12个月，却把每个月划为3个星期，每个星期都有10天，每天有10个小时，每小时100分钟，每分钟100秒。这种基于十进制的1小时比我们熟悉的1小时要长2.4倍。毋庸多言，这个计时系统没流行起来，12年之后便被废止了——如果在第10年的时候就废止该多好！

从很多方面来看，将60设定为计时的基数非常合理。60是可以被前6个数以及10、12、15、20、30、60整除的最小数。换言之，我们可以轻松把1小时划分成各种时间段。

在非闰年里，我们会看到太阳升起365次，所以继承了苏美尔人六十进制的埃及人，便把一年近似为360天，即6组60（365只能被1、5、73、365整除）。这也就是为什么我们直至今天依然会说圆有360度，因为这样的设置可以让太阳看起来每天大约在空中移动1度，而1度可以被分成60角分，1角分又可以被分成60角秒，就像小时可以划分为分钟和秒那样。

我们之所以对六十进制青睐有加，很可能还同我们的双手有关。现在伸出你的左手，手掌朝上，你会发现除了大拇指之外，其他4根手指每根都分成了3节，由3块指骨组成，总共有12节。如果你用右手的拇指依次指向这些部分，便可以从1数到12。我们把地球的自转周期设定为24小时（昼夜各12小时），或许缘起于此。

当然，你还可以继续手指当算盘，用大拇指数到12后，再用食指指着相同的部位从13数到24……如此反复，最后用小指从49数到60。用不同的指节计数和约克郡牧羊人往口袋里放鹅卵石有着异曲同工之妙。

显而易见，我们日常所用的计数系统实际上杂乱无章，但这是因为没有人坐下来好好设计过。这样的系统是随着不同度量方法的碰撞、融合、淘汰而逐渐形成的，是在不同语言、文化、思想的大熔炉中慢慢锻造而成的。不过，从个人角度来讲，我认为这样的计数系统其实十分优美——可能不完美，但依然是属于我们的不完美。因为这样的计数系统见证了我们千万年的历史，反映了我们从用狒狒骨头计数抵达现代数字时代的旅程。在接下来的章节中，我们将继续前行，看看人类在这趟旅程中走了多远。

不过，虽然从莱邦博山脉中的腿骨刻痕时代起，我们就已经会数数了，但在之后一段长到出奇的时间里，这个计数系统却一直缺少一样东西，一样起初太过狂野，根本无法被驯服的东西，那就是“无”的概念。所以接下来，我们就要谈谈0了。

Chapter 2

0 是个偶数

对美国“约克城”号的船员来说，1997年9月21日起初就像往日一样平淡。这艘万吨级巡洋舰在过去十五年里，经历过不少大风大浪。比如在冷战局势十分紧张的1988年，“约克城”号因为驶入苏联的领海，在被一艘苏联船只驱赶时，遭到过故意撞击。但在1997年的那个9月，“约克城”号的船员要面对的却是一个截然不同的敌人：具有毁灭性力量的0。

那天原本只是训练演习，所以船员们压根儿没料到自己会上一堂数学课。演习开始后不久，“约克城”号就成了活靶子：四台总推力高达八万马力的燃气涡轮发动机突然没了动静，致使该舰在北大西洋冰冷而湛蓝的海水中坐以待毙长达三个小时，最后，“约克城”号只能被拖回港口，并且过了整整两天才被修好。那么，究竟是什么让世界上最庞大的海军斥资十亿美元建造的战舰突然变得寸步难行了？军方给出的解释喜欢搬弄术语，说是“工程局域网故障”。但原因其实很简单，就是舰上的计算机曾试图除以0。

那么，除以0有什么不对吗？如果我们从把若干件东西平分给若干人的角度来理解的话，假设我有9个冰激凌，平均分给3个人，那么每个人能分到3个（9/3=3）。那么，用9除以0的话，本质上就是在问我把冰激凌分给0个人，每个人能分到几个。你是不是觉得这个问题听起来就很蠢？确实如此。

除了上面这个理解角度，我们还可以把除法看成是在问一个数里有几个另一个数。比如1除以1/2就是在问："1里面有几个1/2？"答案是两个。那么，试着用1除以0，就是在问1里面有多少个"无"，还是荒谬之极，不过，这问题再荒谬也不及"0除以0是多少"糟糕。"无"里有几个"无"的问题，显然应该留给喜欢研究哲学的人或者酒吧里已经酩酊大醉的家伙。

要想知道某个数除以0的答案究竟是什么，我们可以先来看看1除以更小的数字时会怎样。1等于2个1/2，1还等于3个1/3和4个1/4。1除以的分数越小，得到的结果就越大，1除以1/1000就是1000。随着除数越来越接近0，结果也会变得越来越大。

那么，你可能以为除以0会得到无穷大（∞[④]）。事实上，英国数学家约翰·沃利斯早在1656年就提出了这个观点。不过，事情并没有想象的那么简单。因为按照这个逻辑，如果你用2除以0，那么得到的答案也是无限大。如果1除以0和2除以0的结果相等，那就意味着1等于2——这简直比把冰激凌分给0个人还要荒谬。更糟糕的是，如果你不是从1，而是从-1开始，那你得到的答案就会是负无穷大。这

④ 这个表示无穷的符号类似于侧躺的8字，也被称为双纽线。我们会在最后一章专门来探讨无穷的概念。

就是为什么你的计算器，以及“约克城”号上的计算机，会在你用任何数除以0时发出错误提示。对于一个数除以0到底等于多少，数学家给出的答案是“尚不明确”。

无论是遨游漆黑的太空还是探索蔚蓝的大海，类似的问题都会冒出来。例如，物质在黑洞的中心会被挤压成体积为0的微粒，我们称之为奇点。天体物理学家如果试图计算出此时物质的密度（密度等于质量除以体积），那就等于是在除以0，所以他们的计算很快也会出问题。同样，他们在探索万物起源，也就是所谓的宇宙大爆炸时，也遇到了这个问题。

0这个数字竟然如此狡猾，也难怪我们在发明了普通数字几万年之后才把它变出来。说到底，数字的发明原本是为了商品贸易、物物交换以及记录时间：用1头猪换5袋玉米比用0袋大麦换0只羊更有实际意义，人们也不会说现在是5点过0分。但如果数字的发明最初与实际存在的东西有关，比如第一章中提到的手指和脚趾，那我们为什么还要发明一个表示“无”的数字呢？或许这就是为什么罗马数字里没有0吧，毕竟我们没法用手指数出“无”。

我们的祖先当初不使用数字0的决定，对现代社会造成了重大影响。比如，这就意味着人们在1999年12月31日变成2000年1月1日时庆祝新千禧年的到来，其实有些为时过早了。我们今天广泛使用的纪年系统是一个叫狄奥尼修斯·伊希格斯（他这名字听起来高大威猛，但意思其实是“矮子丹尼斯”）的修士在6世纪发明的。矮小的丹尼斯在著作中使用的是罗马数字，纪年时是从第一年，而不是从第零年开始。所以，我们一夜之间就从公元前1年进入了公元1年。所以，尽管大家在狂欢中送走了1999年，但很少有人注意到，自日历被重新设定后，时间只过去了1999年。第三个千禧年实际上从2001年的第一秒才真正开始。⑤

日历上的这个奇怪现象长期以来似乎一直让人们惊慌失措。比如1799年的节礼日（圣诞节后的第一个工作日）当天，伦敦《泰晤士报》上的一篇文章写道：“除非能证明99等于100，否则本世纪要到1801年1月1日才结束。我们不想进一步追究这个问题了……这个讨论实在是愚蠢和幼稚，只会暴露那些意见相左的人是多么愚不可及。”文章的作者真是心直口快！

那么，既然0不是古希腊人或古罗马人发明的，那它从何而来？有关0的使用记录，目前最早能追溯到5000年前的美索不达米亚。不过，那时的苏美尔人只是在记录较大的数字时会用0来占位，并没有将其当成独立的数字。

---

⑤ 令人啼笑皆非的是，在伦敦千禧穹顶（现在的O2体育馆）举行的备受诟病的“千禧年体验”，本该在2000年12月31日来庆祝第二个千年的真正结束，却在这一天选择了闭幕。

我们现在所用的记数方法叫“位值制记数法”，比如101这个数字可以告诉我们该数中有多少个百、十、一：（1×100）+（0×10）+（1×1）。但古文明记数用的是图形，要表示0的时候会留空，所以101要用他们的方法来写就会变成“1 1”。显而易见，这很容易与11混淆，所以为了避免这种情况，他们便会插入一个符号来代表0，如玛雅人用的是一个颠倒的乌龟壳形象。这种方式只是把0当成了一个工具，而不是一个数字，且这种习惯现在仍然存在。比如你看看电脑键盘上的数字键，就会发现0被放在了最末尾，排在了9之后，但理论上讲，0本应该排在1之前。

在公元之后的头几个世纪里，0才终于被当作实际的数字来使用。此时距离人们在骨头上刻痕计数已经过去了几千年——话说回来，骨上刻痕时也不可能有用来表示零的符号，因为没什么意义。数字0现存最古老的书面记录，出现在一份巴赫沙利村（位于今天的巴基斯坦）发现的数学手稿中。1881年，该村一位佃农掘地时挖出了这份手稿，后将其交给了他的地主。这位地主是名警察，便把手稿转给了专家。如今，这份手稿保存在英国牛津大学的伯德雷恩图书馆。

有关“巴赫沙利手稿”的确切年代，人们一直争论不休，有人认为大约成书于公元224—383年。整部手稿都用梵文写成，里面有数百个用小黑点来表示的0。几个世纪后，这个黑点慢慢变成了我们更为熟悉的圆圈。[6]你现在如果去印度中央邦的话，还可以在当地查图尔布吉神庙的石壁上看到类似的圆圈。后来，那些在学校通过巴赫沙利手稿这类培训手册来学习数学的商人，在沿着包括著名的丝绸之路在内的贸易路线做生意时，把0的使用传到了世界各地。当然，并不是所有地方一开始就都接受了0。比如佛罗伦萨就曾在13世纪禁止过0的使用，因为账簿和账目太容易被篡改了：只需小小一笔，0就可以变成6或9。所以，你很有可能会突然发现自己欠的钱从100块变成了199块。

今天，数字0已经从“不可用”变成了“不可少”。0和1是我们这个数字时代跳动的心脏。包括“约克城”号上的计算机在内的所有计算机，都要用由0和1组成的字符串构成的句子来交流。这种语言被称为二进制语言，因为它只使用这两个数字，而非我们每天习惯使用的从0到9这10个数字。在计算机中，导线可以是“关闭”状态（用0表示），也可以是“打开”状态（用1表示），您可能听说过计算机里的“比特”（bits），其英文单词其实就是“二进制数位”（binary digit）的缩写。

使用二进制记数需要一点时间来适应。之前我们已经看到了平时使用的十进制系统如何把（1 × 100）+

---

⑥ 用来表示零的符号0，也被称为“永恒之蛇”，被认为代表着生命的循环。

（0×10）+（1×1）如何简化成101。一旦数位用完，你就必须开始一个新的数位，所以9会变成10，99会变成100。每个新的数位都是后一个的十倍。但在二进制中，数字只有两个，所以每个数位都只是后一个的两倍。比如，二进制中的“101”表示的就是十进制中的（4×1）+（2×0）+（1×1）=5；1111则表示的是（8×1）+（4×1）+（2×1）+（1×1）=15。我们可以用二进制来表示任何数字，再将其组合在一起成为字节，然后是兆字节、千兆字节、拍字节，计算机能够存储、计算、显示我们现代世界中日益依赖的大量复杂信息。

但对0这个整天在身边飞来飞去的数字，我们在理解它时仍然会感到焦头烂额。比如就0是偶数这个事实来说：研究表明，人们被问到0是偶数还是奇数时，都会犹豫一下，与其他数字相比，他们通常需要多花10%的时间才能回答出这个问题。那么，0为什么是偶数呢？因为偶数就是能被2整除的数。0除以2等于0，能被整除，所以是偶数。[7]

我们在脑海里思考0的问题时需要多花一点时间，更加证明了这个最年轻的数字依然是所有数字中最不好对付的那个。

---

[7] 0除以0以外的任何数都等于0——你把“无”分享给任何人，那每个人都是一“无”所获。

Chapter 3

黑客恨极了质数

2021年春，在美国中西部的树林中，一阵阵巨大的鸣声不绝于耳，甚至比摩托车的轰鸣和球迷的呐喊还吵闹。罪魁祸首是谁？是蝉，也叫知了：一种长着红色眼睛，透明的翅膀上还遍布着橙色翅脉的昆虫。

数以（万）亿计的知了在短短几周时间里出现，密密麻麻如乌云一般遮天蔽日，规模大到在美国国家气象局的雷达上也清晰可见的程度。家家户户的后院被这些知了湮没，如同遭受了《圣经》中的虫灾。知了的尿液（美其名曰“蜜露”）时常从天而降。弗吉尼亚州利斯堡一家餐厅甚至还开发了“知了卷饼”（据说尝起来像芦笋，但如果你对贝类过敏的话，还是别吃了，因为知了是小虾和龙虾的远亲）。

上面提到的那种震耳欲聋的声音来自那些想要找对象的雄知了，是它们通过振动腹部的鼓膜而发出的求偶信号。在过去的17年里，它们一直蛰伏在地下，一点点从树根中吸吮汁液来把自己养肥，所以如今重获自由，我觉得它们一定非常享受。雄雌知了交配后不久便会双双死去，产下的卵则会变成若虫，然后掉在林地上，再次钻入地里，等待着轮到它们飞上枝头去寻找爱情。所以，美国中西部的居民要想再听到这样的蝉鸣，得到2038年了。

此种情况对于知了来说极为罕见，因为在目前已知的3400种蝉科动物中，只有7种会这样周期性地倾巢而出，通常为每13年或17年一次。科学家认为，它们之所以这么做，一定程度上可能是为了躲避捕食者：大家一起冲向天空的话，要全被吃掉是不可能的事，这样便可大大提升成功交配的数量。

不过，有些研究人员认为其中还有更深层次的原因：13和17都是质数——质数只能被两个数整除：它自身和1。换句话说，质数就是大于1且无法通过两个小于它的数字相乘得到一个数。那么，质数跟知了的生存有什么关系？

假设知了每12年出现一次，那它们出现时，就会碰上那些生命周期为1年、2年、3年、4年、6年、12年的捕食者（都是能够整除12的数，也称为因子）。但每13年或17年（这些数字只能被自身和1整除）才出现一次的话，它们就能在很大程度上躲过没来得及交配就被吃掉的命运，而且还能避免和另一个蝉科物种发生竞争，因为二者要每221年（13×17）才会同时出现一次。这些知了的属名叫Magicicada，直译过来就是“魔法蝉”。但或许，它们更该被称作“数学蝉”。

知了们所依赖的质数是建造数学宫殿的砖瓦，也被称为算术的原子。每一个非质数都可以分解成相乘的质数（称为“质因数”）。以2038，也就是下一批知了出现的年份为例，它是质数2和1019相乘的结果。蝉科动物有3400种，或者说2×2×2×5×5×17种。

几千年来，我们一直在和质数打交道。昔兰尼的埃拉托色尼（公元前276—公元前194年）是著名的亚历山大图书馆的馆长，据说该图书馆在被烧毁之前藏书达20万到70万册。除了是第一个计算地球周长的人以外，埃拉托色尼还发明了一种筛选质数的方法，今天被称作埃拉托色尼筛法。

设想一个1×1000的网格。根据定义，1不是质数，所以把它画掉。2是第一个（也是唯一的偶数）质数，但2的任何倍数都不是质数，因为可以被2整除，所以把它们也都画掉。3、5、7、11的倍数也是如此。如此反复之后，没有被画掉的所有数字一定是质数。

在埃拉托色尼诞生前几十年，欧几里得（详见第五章）就证明过质数列表永远不会结束。他先列出了一系列质数，比如从最开始的2、3、5、7、11开始，将这些数字相乘并加1，得到2311，这恰好也是一个质数。所以，我们已经找到了一个不在原始列表中的质数。这一过程并不总是产生新质数，但新的数字就像任何非质数一样可以拆解为其质因数的乘积。比如，我们把13加到前面那个数列中，然后，将它们相乘并加1，得到的数字是30031。它的质因数是59和509，但这两个质数都不在之前的列表中。[8] 欧几里得证明了无论你的质数列表有多长，总是可以添加更多的质数。也就是说，质数是无穷的（我们将在第十章讨论无穷）。

截至我写本书时，人类能够找到的最大质数是$2^{82\,589\,933}-1$，有24 862 048位数字。其中的上标是指你要把2相乘那么多次。这个超级质数由“互联网梅森素数大搜索”项目的志愿者帕特里克·拉罗什发现。梅森质数得名于17世纪的法国修士马林·梅森，所有质数都可以写成2^p-1的形式，其中的P本身就是一个质数。

当然，并不是所有P都能产生梅森质数，根据梅森最初的列表，前11个可以产生梅森质数的P分别是：2、3、5、7、13、17、19、31、67、127、257。但他这个列表并不准确，而是漏掉了一些（61、89、107），也算错了一些（67、257）。对了，关于$2^{67}-1$不是质数的证明，背后有一段很有名的故事。1903年，美国数学家弗兰克·纳尔逊·科尔做了一次演讲（好吧，不能算是演讲）：他走到黑板前，在一边写下了$2^{67}-1$，计算出结果为147 573 952 589 676 412 927，又在另一边写下193 707 721 × 761 838 257 287，并证明了乘积就是前面算出的那个结果。然后，他一句话没说，回到座位上坐下。科尔后来透露，过去三年的每

---

⑧ 新的数字肯定有质因数，而且它们永远不会出现在现有的列表中，加1是为了确保除以列表中的任何质数后总能余1。

个星期天他都在寻找$2^{67}-1$的因数，最终才证明了该数不是质数。

在我们这个数字时代，网购无处不在，而我们需要很长时间才能找到大数字的因数这一点，正是网购背后的秘密。你有没有想过自己的信用卡信息是如何避免被人窥探的？这就要说到一个被称为“公钥加密”的技术了，而整个加密过程严重依赖的正是大数字和将其分解质因数乘积的困难过程。

所谓加密，目的就是把有价值的东西安全地发送出去，其实有着悠久的历史。比如早在公元前400年（也就是欧几里得证明了质数无穷前），斯巴达的军事指挥官们就已经在使用一种名为密码棒的装置来传送秘密消息了。

为了理解现代公钥加密，我们不妨来做一个假设，想象我要寄给你一袋黄金。我可以把它锁在一个盒子里，然后寄给你，而且之后我还得把盒子的钥匙寄给你。但这就意味着，我必须相信快递员不会打开盒子、复制钥匙或在途中被抢劫。所以对你来说，最好的办法是你先寄给我一个盒子和一把打开的挂锁，然后我把金子放进去，锁上盒子寄给你，最后再由你用那把从未离开过你视线的私钥打开。

这就是公钥加密的工作原理。亚马逊这类电商有自己的私钥，基于两个大质数，每个至少有617位数。这些数字相乘后得到一个更大的数字，构成了公钥的基础。用来加密并锁定你信用卡信息的公钥，就相当于盒子和打开的挂锁，只有亚马逊自己的私钥才能解开。

该系统之所以有效，是因为尽管公钥从定义上是公开的，但要找出最初相乘在一起的两个质数却需要很长时间。换句话说，私钥仍然非常安全。数学家称其为“陷门函数”——正走容易反走难。事实上，一台标准计算机需要300万亿年的时间才能破解密码。

不过，这个系统也不是绝对安全。随着计算速度越来越快，计算机已经能更快地分解大数字的质因数。为了能领先黑客，公钥加密中使用的质数长度已经从309位增加到了617位。据估计，这在2030年之前至少够用。

目前来看，最大的威胁会来自量子计算。这些极具未来感的机器已具雏形——利用量子物理进行计算的速度远超现有的计算机。2021年5月，谷歌宣布要在2029年之前建造一台可用的量子计算机的计划。该公司研究员克雷格·吉德尼领导了一项研究，考察了量子计算机破解当前公钥加密系统的速度到底能有多快。他的结论是什么呢？只需要8小时。[9]

所以，如果想要保护我们的数据，那么在不久的将来，我们就不得不摆脱对质数的依赖。

⑨ https://doi.org/10.22331/q-2021-04-15-433.

Chapter

圆中有方

阿佩莱斯是古希腊杰出的画家之一，因在马其顿宫廷时为亚历山大大帝创作过一幅肖像画而闻名天下。有一天，他前往罗得岛拜访同为艺术家的普罗托耶尼斯，但对方不巧外出了。根据传说，阿佩莱斯没有留言，而是在墙上徒手画了一个完美的圆。就像今天的涂鸦艺术家一样，这是一个足够独特的“标记”，他认为普罗托耶尼斯肯定一看就会明白，只有像阿佩莱斯这样技艺精湛的画家才能画出这样的圆。到了今天，我们可能只会留下一条语音。

这是艺术史上一个耳熟能详的故事。13世纪时，教皇卜尼法斯八世想请人为罗马的圣彼得大教堂绘制壁画，据说派人跑遍了全国寻找最优秀的画家，并要求他们绘制一幅样图给教皇参考。大多数人画了小天使和轮廓分明的躯干，但画家乔托拿出画笔，徒手绘制了一个完美的红色圆圈。教廷的人以为他在开玩笑，但还是负责地把画展示给了教皇。看过之后，教皇当即把这份工作给了乔托。

数个世纪后的荷兰艺术家伦勃朗曾绘制过数十幅自画像，在其中一幅里，他在身后的墙上画了两个不完整的圆。艺术史学家猜测，这是在向阿佩莱斯和乔托致敬。恃才傲物的伦勃朗是在向世界宣告，他自己也是大师一名。

可为什么圆会被视作盖世画家的名片呢？长期以来，圆因为没有曲折的角度而一度被誉为完美的终极代表。太阳和月亮等天体在天空中都呈圆形出现。巨石阵这类圆形纪念碑正是为了向它们致敬。4万年前的岩画也表明，我们早在会写字之前就会画圆了。

我们对圆的钟爱似乎从小时候就开始了。研究表明，比起直线，五个月大的婴儿更喜欢看曲线。背后的原因，你细想想就明白了：容易造成危险的东西是不是很少有圆形的？所以，我们最好避开尖锐的牙齿、带刺的荆棘和嶙峋的岩石这类东西。

如今，圆无处不在，从硬币到时钟，从徽章到纽扣。我们吃圆形比萨，结婚时会给伴侣戴上圆形的戒指作为结合的象征。圆意味着永无止境，是一个没有开头也没有结束的形状。简而言之，圆很特别。

一般认为，古埃及人最先掌握了圆的几何性质。大英博物馆珍藏的莱因德数学纸草书，是一份从法老拉美西斯二世陵墓附近的某座建筑中偷来的文件，长近2米，大约可以追溯到公元前1550年。这件藏品是一本古代数学教科书的一部分，里面介绍了如何计算圆的面积。

你可能还记得上学时学过圆与π（圆周率）——可能是数学中最著名的数字——密不可分。圆心到圆周的距离称为半径（radius[10]），圆的面积则是π乘以半径的平方（πr^2）。绕圆一圈的总距离称为圆周，等于π乘以半径的两倍（$2\pi r$）。穿过圆心并连接圆上两点的线段，其长度等于两个半径，称为直径（d），所以圆的周长也等于πd。

圆周率π是所谓的“无理数”，即一个不可能写成分数的数字。π从3.14159265359…开始，可以无限延续下去。π的无理性意味着我们只能用分数来近似求圆周率。古巴比伦人使用25/8（3.125）表示π，莱因德数学纸草书中使用了256/81（约等于3.16）。不过，22/7（约等于3.143）的值其实更接近，所以7月22日也被称为圆周率近似值日。

今天，圆周率的已知小数位已经达到了惊人的62.8万亿位。这项世界纪录创造于2021年8月，由瑞士格劳宾登理工大学的研究人员用超级计算机连续处理了108天的数据才最终得到。为了更好地理解这一纪录，你可以想象你在每块砖上写一位数字，然后把砖一块块摞起来，组成一堵圆周率墙的话，那么这些块砖将越过火星、木星、土星、天王星，一直延伸到海王星附近。如果你用一位数换一美元，那你得到的钱会比中国和美国的国内生产总值加起来还要多。

---

⑩ 你的前臂上有一块骨头也叫radius（桡骨），之所以这么叫，是因为这块骨头可以绕着另一块叫作尺骨的骨头旋转，而尺骨就像是圆心。

如果你以每秒一个数字的速度读这些数字，全都读完得花上近200万年的时间。

拉杰维尔·米纳能背出七万位的圆周率，是目前记忆圆周率最多位数的世界纪录保持者。2015年3月，他戴着防作弊眼罩，花了十个小时才创下这项纪录。

但实际中，那么多位的圆周率基本用不到。美国国家航空航天局在计算星际飞行任务时，只会用到15位小数的圆周率。以此来计算地球周长的话，结果和实际值的差距仅相当于一根头发的万分之一。简而言之，15位数已经很够用了。

不过，出于好奇，我们还在继续计算圆周率，并寻找着这些位数的模式和奇特之处，比如8是前1万亿位中最常见的数字，或者到768位时连续出现了六个9，以及直到第17 387 594 880位时，才会出现了0123456789这个序列。你甚至可以使用在线计算器在π里找到你的出生日期或结婚纪念日。[11]

揭开圆周率无穷无尽的面纱这一古老传统，可以追溯到古希腊数学家、科学家阿基米德那里，据说，正是这个人在浴缸中顿悟后，赤身裸体跑到街上大喊道："Eureka!（我发现啦!）"

阿基米德已经知道了圆的周长等于π乘以直径，

---

⑪ https://www.angio.net/pi/.

所以便想到，如果做一个直径等于1的圆，那么圆周就必然等于 π 了。接着，他在圆内画了一个六边形，在圆外也画了一个六边形，如下所示：

第一个六边形的周长略短于圆周，第二个六边形的周长则略长于圆周。如果圆的周长等于圆周率，那么圆周率的值必定介于这两个六边形的周长之间。

阿基米德用六边形算出了一个非常粗糙的 π 值。在这种情况下，较小六边形的周长为2.598，较大六边形的周长为3.464。于是，阿基米德继续用边更多的形状来尝试缩小差距。他从十二边形做到二十四边形、四十八边形，最后做到了九十六边形。最后得出的周长分别为3.1408和3.1429。所以在这之后，圆周率也开始被称作阿基米德常数。我们现在熟悉的那个代表圆周率的希腊字母，则要到1706年时才由威尔士数学家威廉·琼斯提出。

1600年左右，专业击剑老师、业余数学家鲁道夫·范·科伊伦接过阿基米德的火炬，花了25年的时间继续增加多边形的边数，最终用2后面有62个0（这个数字显然比地球上的原子总数还要大）的多边形，将圆周率精确到了小数点后35位。他对自己的这项成就非常自豪，最后还请人把它刻在了墓碑上。⑫

但圆这个图形本身呢？一个圆到底有多少条边？这个问题我们没法去问阿佩莱斯、乔托这样的古代艺术家了，但或许可以从现代艺术家那里获得些灵感。1996年，英国流行摇滚乐队“海天一色”发行了一首名为《圆圈》的歌曲，讲述了身处圈外的情景。或许，圆有两条边：内边和外边？

苏格兰乐队“崔维斯”持有不同的观点。他们在2001年发行的单曲《边》中曾自信地断言圆只有一边。但这两个乐队都错了。

要理解其中的原因，我们需要再次回顾阿基米德计算 π 的方法。圆里面添加的边数越多，多边形就越接近正圆。所以你可以把圆看作有无限多条边。这个推理过程的依据是对称线——可以把某个形状分成两等份的线。对于边长相等的形状（正多边形），边有几条，对称线就有几条，所以正方形有4条对称线，四十八边形有48条。圆有无限多条对称线，所以就有无限多条边。此外，如果按照角的定义（两边相交之处），那么我们也可以认为圆有无限多个角。

---

⑫　他的墓在荷兰莱顿市，原来的墓碑已经丢失，现在我们能看到的是2000年时安装的复制品。

这对耶利米·特里斯特牧师来说可不是个好消息。19世纪初，他在韦里恩的科尼什村为五个女儿造了五栋独特的房子。特里斯特可能是称职的牧师，但显然不是数学家，因为这些至今保存完好的圆形茅草屋原本的建造意图，是要确保魔鬼无处藏身——我敢说给撒旦提供无限多的藏身之处，肯定不是他的初衷。

Chapter 5

三角形的内角和并不总等于180度

你站在清爽洁白的北极苔原上，整个世界都在你的脚下。作为少数到过北极的人之一，你即将开启又一场难忘的探险。你会沿着本初子午线（连接两极并将地球分成东西两半球的想象线）抵达把地球分成南北两半的赤道。这趟旅程将和几何紧密相连。

你在格陵兰和斯瓦尔巴德群岛之间航行，绕过设得兰群岛，最终在英国约克郡东部的坦斯托尔海滩附近登陆。你继续向南穿过伦敦，越过了著名的格林尼治皇家天文台的庭院，即本初子午线的所在地，然后穿越英吉利海峡，准备向地中海进发。但在到达那里之前，你必须先从著名的法国小镇科涅克和卢尔德以东经过，还会见到在西班牙度假胜地贝尼多尔姆附近晒日光浴的度假者。

进入非洲后，你穿过阿尔及利亚的穆阿斯凯尔，漫步走过马里，抵达廷巴克图。萨赫勒自然保护区对你来到布基纳法索表示了欢迎。然后，你穿过多哥的一角，进入加纳的迪吉亚国家公园，最后踏入几内亚湾温暖的海水。

你的船安全地跨在赤道上后，掉头向左沿着赤道航行，前往圣多美和普林西比群岛整顿休息。然而，你的旅程还很漫长。此时，你必须一路向北，穿越非洲和欧洲，再次返回北极点。

想象一下，如果我们把这场史诗般的航行在地球仪上绘制出来的话，整个航线看起来会像一个沿赤道短途旅行为底边的细长三角形。那么问题来了：这个三角形的内角和是多少度？

如果你说180度，我也不会责怪你，毕竟学校里的老师就是这样教的。但其实，我们只需要稍加思考，就能意识到这个规则并非一成不变。我们再看看地球仪上的那个三角形：你到达赤道后掉头去圣多美和普林西比群岛时，转了一个90度的弯；然后再次转弯，离开赤道向北返航。这两个底部的角加起来就已经是180度了，别忘了顶部靠近北极那里还有一个角要考虑，所以这个三角形的内和必然大于180度（见下图）。事实上，球体上的三角形的内和最大可以到540度。[13]

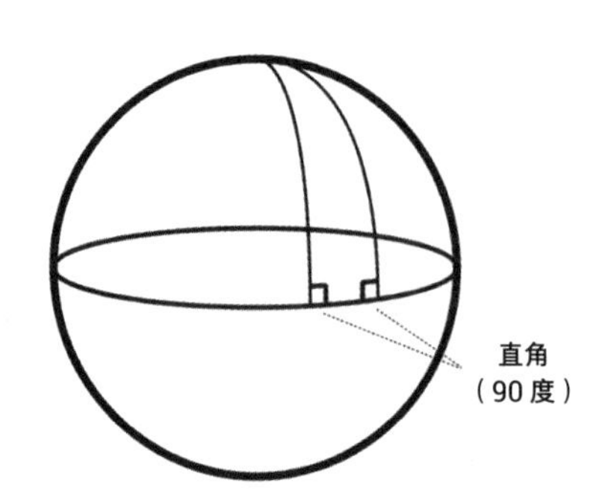

⑬ 能得出这个内和的三角形，需要覆盖球体表面的一半。

当然，你的数学老师倒没有骗你，他们只是没有告诉你三角形的全部真相而已。三角形内角和等于180度这条定律，只适用于在平面上绘制的三角形，比如你在学校练习本上画的三角形。这种几何叫欧几里得几何，得名于古希腊数学家欧几里得（我们在第三章中介绍过他如何证明了质数有无穷个）。

要想知道为什么普通三角形的角度相加等于180度，最简单的办法是将角A、B、C标记出来，然后制作两个完全相同的三角形副本。将原始三角形颠倒，然后完美地插在两个副本之间（见下图）。如此一来，三个不同的角就在一条直线上相遇了，此时你可以绘制一个半圆，把它们包围。正如我们在第一章中看到的那样，完整的圆是360度，所以角A、B、C的和必为180度。

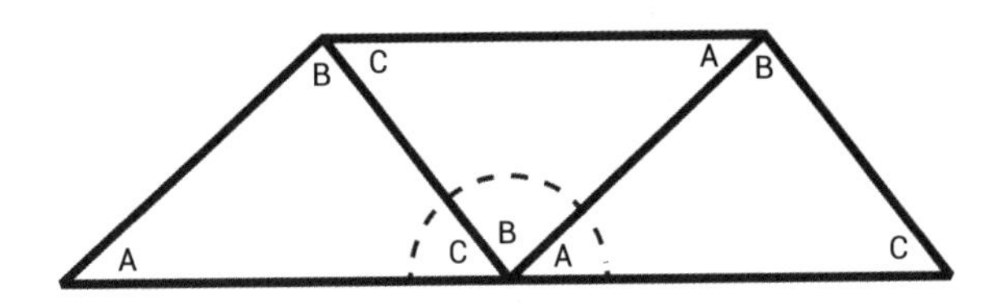

欧几里得的生平我们所知甚少，已知的也只是零散的信息，且是千百年来的道听途说。他最著名的作品是《几何原本》，一部庞大到令人惊叹的十三卷几何学著作。这部作品包含了五个“公设”——用来规定线段、点、角的基本规则。欧几里得的最后一个公设谈论的是平行线，即可以无限延伸而永远不相交的线，就像铁轨那样。苏格兰数学家约翰·普莱费尔后来以一种或许最容易理解的方式重新表述了这个公设："给定一条线和一个不在该线上的点，通过该点至多能且只能画出一条与之平行的线。"换句话说，总是可以画出一条与另一条线平行的线。

数学家不断探索啊探索，想证明欧几里得的第五公设在所有情况下都成立。在19世纪，他们终于开始着手研究一种与所谓的"平行公设"相悖的几何学。

其中一种叫球面几何学，研究的是球体表面的角和线，例如地球的赤道和经线。在欧几里得几何中，一条通过圆的最宽点的线可以将圆切成两半，将球体切成两半的线则称为"大圆"。让我们继续以地球为例。如果我们忽略地球因旋转而中间略微凸出的事实，把它看作一个完美的球体，那么赤道就是那个大圆。我们在本章开始时经过的本初子午线则是半个大圆。如果到达南极点后，我们从另一面继续往北走，抵达北极的话，就可以走完整个大圆。[14]

球体的曲面意味着两个大圆不可能平行。它们总会相交，且交点为两个。以赤道和本初子午线所属的大圆为例，二者的一个交点位于你在几内亚湾停泊的地

⑭ 国际日期变更线大致是沿着与本初子午线相对的180度经线走，其曲折处主要是出于政治原因。

方，另一个则在地球另一面与之遥遥相对，相隔了180度。在没有平行大圆（球面几何学中的直线）的情况下，我们就无法在球表面上绘制出传统的正方形。[15]球面几何是打破欧几里得平行公设的一个例子。

这些大圆看起来可能虚无缥缈，但你乘坐长途航班旅行时，其实都在沿着大圆飞行。如果你曾从北欧飞往美国东海岸，可能会注意到机上的飞行追踪器显示飞机正向北飞往格陵兰岛，尽管纽约、波士顿等城市实际上在伦敦、巴黎、柏林的南边。

在欧几里得几何学中，两点之间直线距离最短；但在球面几何中，最短路径是通过这两点绘制一条大圆，然后沿着其中较短的部分（称为小弧）行驶。对于伦敦和纽约，小弧距离约为5500千米。如果你在普通地图上画条直线，沿着这个线路旅行，那么就得多走近3000千米的距离。

2020年11月，新加坡航空公司开通了新加坡和纽约之间的直飞航班。截至撰写本书时，这是世界上飞行时间最长的定期客运航线，总时长为18小时5分钟（返程还要再长半小时）。从地图上看，你可能以为飞机从肯尼迪机场起飞后会越过大西洋，横穿非洲，然后经过印度南端，抵达新加坡。但事实是，尽

---

⑮ 你仍然可以绘制出一个具有四条等边和四个等角（每个角度为120度）的图形，但是这四条边不像我们习惯的正方形四边那样成对平行。

管新加坡在赤道北边，离赤道很近，可飞机的航线却靠近北极，你会沿着航线飞过冰岛和斯堪的纳维亚以北的地区，再穿过俄罗斯领空，飞向东南亚方。

如果你有一个地球仪，原因就一清二楚了。你可以拿根绳子缠在地球仪上，然后调整绳子，使其同时穿过纽约和新加坡两地，[16]进而勾勒出大概的飞行路径，也就是球面上从A点到B点的最短路线。

好了，我们已经知道了三角形的内角和有可能大于180度，但其实这个和也可能小于180度。这种情况会出现在另一种非欧几何——双曲几何中。实际上，数学家在发现球面几何的几十年之前就已经发现了双曲几何。

匈牙利的亚诺什·鲍耶被认为是最早探索双曲几何的人之一。他父亲痴迷于欧几里得的平行公设，并深受其苦。所以，他曾恳求儿子千万不要去研究这个问题，说："我曾经穿越这无边的黑夜，它熄灭了我生活中的所有光明和喜悦。我恳求你，不要再去研究平行线了。"但幸运的是，小鲍耶没有听劝。

双曲几何探索的是一个类似马鞍[17]的形状表面的点、线、角。这种形状的曲率为负（球面的曲率为正），可以有效"压缩"三角形的角，使其变窄。事

---

⑯ 别忘了大圆是将球体切成两半的线，所以通过非洲来把纽约和新加坡连接起来的圆不是大圆，而是"小圆"。

⑰ 或者也可以想一下薯片的样子，那种形状也叫双曲抛物面。

实证明，我们可以通过马鞍形另一条线外的一个点画出无穷多条平行线。

鲍耶回信给父亲说："我发现了很奇妙的东西，让我惊讶无比……我无中生有创造出一个奇特的新宇宙。"他这话说得太对了，可能连他当时都没有意识到。

如今，天文学家已经可以通过在地球和两颗遥远恒星或星系之间绘制一个巨大的三角形来计算宇宙中某处的空间曲率了。通过计算角度之和，他们可以确定空间是负曲（如马鞍，小于180度），还是正曲（如球体，大于180度），抑或是零曲（恰好180度）。

这为宇宙学家制造了一个大难题。因为宇宙自大爆炸中诞生以来就一直在膨胀，但最初的理论并没有提供足够的膨胀，来让我们所在宇宙区域中的任何曲率变得完全平坦。这个问题正是大爆炸理论后来被修改的原因之一。科学家又补充了一个被称为暴胀的初始超快膨胀阶段，按照这个说法，初始宇宙在万亿分之万亿分之万亿分之一秒内直接膨胀了一千千万亿千万亿千万亿千万亿千万亿倍。如果按我们让一个红细胞同样比例膨胀的话，那它会比今天整个的可观测宇宙还大。

自欧几里得开始用铅笔和纸绘制线和角以来，我们在探索数学的路上已经取得了长足的进步。这充分说明，即使你只是从一个简单的问题开始思考，比如平行线是否总是存在，也可以得到意想不到的收获。

Chapter 6

有些图形根本就画不出来

1991年圣诞节当天，随着印有锤子和镰刀的苏联国旗最后一次从克里姆林宫的旗杆上降下，俄罗斯联邦的国旗缓缓升起，东欧的版图迎来了巨变。新独立的国家如雨后春笋般出现，错综复杂的国界拼图呈现出新的形状。

苏联的解体让加里宁格勒孤悬在了距俄罗斯本土300英里外的地方。现如今，这片夹在波兰、立陶宛和波罗的海之间的飞地，仍然是俄罗斯的国土。俄罗斯坚持不放弃这片领土的原因，是它临近波罗的海，是全国唯一的不冻港。第二次世界大战期间，加里宁格勒曾被苏联红军增选为向西进军的根据地。战争结束后，这座城市正式成为苏联领土，并被赋予了一个现代化的名字。在那之前，这座城市名叫格尼斯堡，几个世纪以来一直都是普鲁士帝国的要塞之一。

不过，格尼斯堡尽管历史悠久，但其最为人所知的地方还是它在数学中所扮演的角色。该城建在普列戈利亚河两岸，蜿蜒着穿城而过的河流在城中间切出了两座小岛。18世纪时，河上共横跨着七座桥：南北各三座将城北和城南同岛屿连接起来，另一座在两座小岛之间（见下图）。

居民十分好奇可不可以在每座桥梁只走一次的情况下逛完全城，但没人能得出这个问题的答案。后来，难题传到了圣彼得堡，引起了数学家莱昂哈德·欧拉的注意。欧拉出生在瑞士，后来移居俄罗斯与伯努利家族一起工作（第八章中会详细介绍伯努利家族）。

欧拉最终证明了绕城一周但每座桥只走一次根本不可能做到。他的思考过程十分巧妙：如果你进入一片陆地需要一座桥，但因为不能折返，所以离开时需要走另一座桥梁；或者你也可以登岛两次，走两座桥登岛，走另外两座离开。所以简而言之，要解决这个问题，你就需要偶数座桥。不过，可以灵活变通的一点在于，你不需要回到一开始登陆的地方，或者离开最后到达的那片陆地。因此，只有那两块陆地可以由奇数座桥连接。

所以，如果要想走遍格尼斯堡的这些桥，那么四块陆地中至少有两块需要和偶数座桥连在一起。但四片陆地（两片河岸和两座岛屿）所连接的桥都是奇数个，所以根本不可能在不折返的情况下绕城一周。[18]

欧拉的解决方案开创了一个名为图论的数学领域。他的天才之处在于摒弃了问题中所有不必要的细节，提炼出了最基本的要素。比如每座桥的长度和它们之间的距离并不重要，唯一重要的是陆地之间的连接方式。

在图论中，这些连接方式可以表示为下页图。不过，这种类型的图表看起来可能与你之前见过的完全不一样：因为数量无关紧要，所以不会像折线图或条形图那样有y轴或x轴。我们可以把它想象成一张地图，图中的节点为地理位置，节点之间的路径则叫作边。格尼斯堡的七桥问题可以转化为下页图：陆地为节点，桥梁为边（节点里的数字表示与其相交的边数）。

---

⑱ 但第二次世界大战中发生了一个有趣的历史性转变：左边那座岛上的两座桥被炸毁了，所以要一次走完剩下的桥就变得可行了。

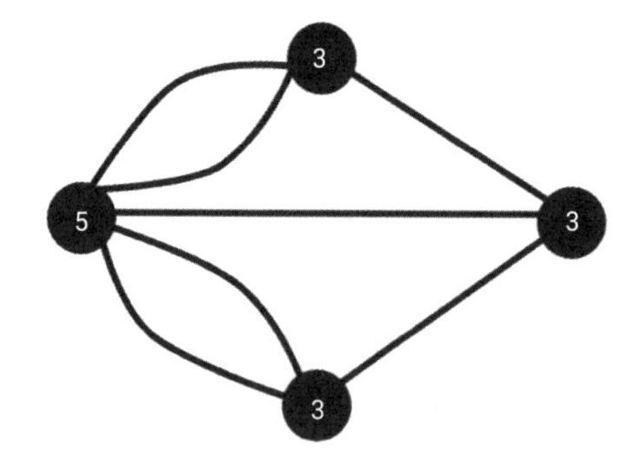

通过解决七桥问题，欧拉证明了要想穿过图形中的每条边而不折返，只有两种解决办法。要么是每一个节点上都连着偶数条边，这种情况下可以从任意节点开始，且最后会回到同一节点（称为欧拉回路）。要么是恰好有两个节点连接的边为奇数，那这时你就必须从其中一个节点开始，在另一个节点结束。由于格尼斯堡的桥不满足这两个条件，所以也不存在这样的欧拉回路。

也就是说，有些形状是我们根本没法一笔画出来的。比如在下面的两个形状中，有一个可以一笔画成，有一个则不可以。你能分辨出来吗？

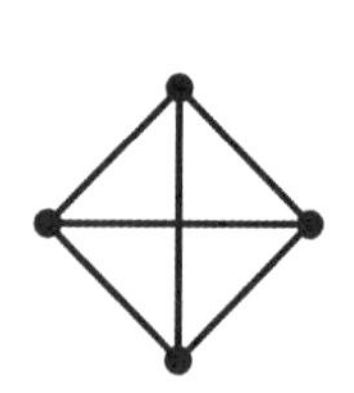

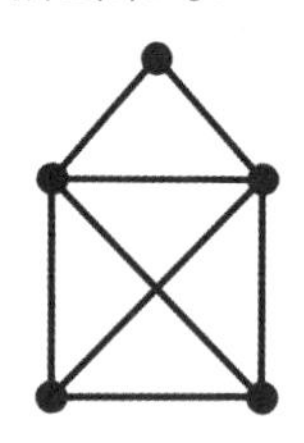

我想你应该能看出来第一个形状不可能一笔画出，因为每个节点都连着三条边。第二种形状倒是可以，但必须从最下面开始和结束，因为只有这两个点有奇数条边相连。

这样的图形有时候也被称为网络，你或许可以明白图论对于现代世界有多么重要了吧。有一家公司就靠着节点和网络赚了个盆满钵满。该公司由斯坦福大学的两名学生拉里·佩奇和谢尔盖·布林创立，最初叫BackRub，但他们自己也知道这个名字不会受欢迎，于是便想到了那个用来表示1后面有100个0的单词——googol[19]。佩奇和布林对拼写稍作修改后，史上最成功的公司之一诞生了，其母公司“字母表”的市值如今已经接近两万亿美元。

谷歌（Google）之所以如此具有革命性，在于它能够通过其搜索引擎迅速、准确地在互联网上找到信息。这是他们在数学方面寻求帮助的另一个领域。谷歌最初的算法被称为“网页排名”（PageRank），是将网站视为节点，网站间的超链接视为边。更为关键的是，该算法会对这些边做加权处理，使得来自权威来源的链接要比来自随机个人网站的链接更显价值。边的连接数量和质量都很高的节点，会出现在搜索结果的顶部。

---

⑲ 这个词由9岁的米尔顿·西洛塔在20世纪30年代创造。

事实上，所有大型科技公司都在依靠图论发家致富。脸书（Facebook）将用户视为一个个节点，而人之间的关系（无论是家人、朋友，还是“复杂的关系”）视为边，标签、评论、分享、点赞也都是边。所以，那部讲述脸书创立过程的电影被称作《社交网络》（*The Social Network*），一点都不偶然。

2009年时，一个名为“贝尔·寇的实用主义混乱”（Bell Kor's Pragmatic Chaos）的工程团队为网飞公司（Netflix）改进了推荐算法，最终赢得了100万美元的奖金。每当有人观看某部影视作品时，系统就会在观众（第一个节点）和该影视作品（第二个节点）之间建立起一条边，就像谷歌的网页排名一样，这些边会根据观众给出的评分进行加权处理。以此为基础，网飞便可以根据观看历史，更准确地预测订阅者的观看喜好。音乐流媒体平台“声田”（Spotify）为用户推荐歌曲时用的也是类似方法。

亚马逊公司也在多个方面使用了图论，不光是在官网上。你有没有想过他们是怎么规划送货路线的？这种难题被称为旅行推销员问题或车辆路径规划问题。当天要送货的每一家都是一个节点，而且这些节点之间都有边相连。所以问题就来了：怎样才能在总行程最短的情况下把货送到每一家？

事实证明，要想解决这个问题可不容易。如果节点数为n，那么它们之间的可能路线数为n！条，这里的叹号表示“阶乘”，也就是把n乘以每个小于n的数字，一直乘到1。因此，如果有10个节点的话，可能的路线就是 10×9×8×7×6×5×4×3×2×1=3 628 800条。通常来讲，一位亚马逊司机每天要停靠大约200个节点，所以可能的路线总数会飙升到375位长的数字那么多!

没有什么数学公式可以帮你计算出最佳的路线，而逐个检查可能的最佳路线在计算上又过于困难，因为你花在寻找最快路线上的时间很可能比你实际节省的时间要长得多。即使只需要确定22个站点的最佳路线，一台标准的高性能计算机也要花费1200年。像亚马逊公司的快递员这样每天送货200次的情况，即使你把宇宙中的每一个原子都变成一台自从138亿年前的大爆炸以来便一直在运行的计算机，让它们一起来算，也算不出答案。

因此，数学家放弃了寻找完美的解决办法，转而发明了一些方法来寻找还不错的方案。20世纪70年代，尼古斯·克里斯托菲德斯受格尼斯堡七桥问题的启发，发明了克里斯托菲德斯算法。由于一段只包含偶数边数节点的路程构成了一条欧拉回路，并且可以带你折返回去，所以，克里斯托菲德斯算法便尝试将那些有奇数条边的邻近节点连接起来，从而保证了一条路线至多只会比最佳路线长50%。

事实证明，如果运用一点常识的话，我们还可以找到更不错的解决方案。“最邻近”算法从某个随机节点开始，然后选择最近的节点作为下一个目的地——如果在现实世界中遇到这种情况，你很可能也会这样做。这样平均算下来，你最终的行程只会比最短路线长25%。当然，最厉害的现代算法还可以更进一步，即使是分析数百万个节点，也仍然可以给出落在前2%或3%最短路线范围内的解决方案。

其他公司还找到了别的方法来缩短送货时间。比如，美国联合包裹运送服务公司有一条规定：送货车除非必要，否则不能左转。这是因为在美国左转意味着必须在十字路口等待才能开到另一条路上。换到靠左行驶的国家，如英国、印度和澳大利亚，情况则正好相反。联合包裹宣称，送货车只有在10%的情况下需要左转，由此为公司节省了1000万加仑燃料，少排放了2万吨二氧化碳，多送了35万个包裹。

旅行推销员问题属于数学当中一个更宏大的研究课题，即所谓的“P与NP问题”。验证你找到的路径花费的时间很少，其实很快就能算出来，但要找到这条路径却需要花很长时间。P与NP讨论的问题就是情况是否总如此，或者寻找解决方案的过程是否能像验证过程一样迅速。2000年的时候，克莱研究所把这个问题列在了七个“千年大奖问题”名单中，能给出答案的人可以获得100万美元的奖金。不过，截至我写这本书时，这100万美元还没有奖出去。

再想想网飞的奖金，以及谷歌、脸书、亚马逊等公司的成功故事，显而易见，在节点之间画边其实是一项非常赚钱的工作。

Chapter 7

你切蛋糕的方法不对

要用寥寥数语来描述弗朗西斯·高尔顿似乎不太可能，他求知若渴，对一切都充满好奇。他是使用指纹破案的先驱，还曾绘制过史上第一张天气地图，并刊登在了1875年的《泰晤士报》上。此外，他还是博物学家查尔斯·达尔文的远房亲戚，提出了“先天与后天”的说法。当然，他也发明过“优生学”这种词，且持有一些无论在当时还是现在都错误的社会观点。

蛋糕问题可能是弗朗西斯·高尔顿最古怪的一次探索。1906年，他在著名的科学期刊《自然》上发表了一封信。[20] 以下是他的开场白：“圣诞节临近，我想到了蛋糕，希望能介绍一个我最近自娱自乐时构想出来的切蛋糕方法。”

我敢打赌，你平时切蛋糕都会先切出一块三角，结果剩下的蛋糕看起来就像电子游戏“吃豆人”，对吧？如果你能及时把整个蛋糕都吃掉，这样做当然没问题。可如果蛋糕要几天才能吃完呢？高尔顿指出，切成三角形会让剩余蛋糕的切面暴露在空气中，进而变干。“如此看来，切成楔形就非常不合适了。”

---

⑳ 题为《用科学原理切圆形蛋糕》，参见https://doi.org/10.1038/075173c0。

所以，他想出了一个更符合数学原理的方法：切成矩形。

首先，你需要在蛋糕中间平行切两刀，得到一个矩形。吃掉这块后，把剩下的部分拼在一起，这样切面便不会暴露在空气中了。第二天，你在与前一天那两刀呈直角的方向再切两刀，再次把吃剩的部分拼起来。这样的话，你就可以连着三天都吃到松软的蛋糕。根据高尔顿的说法，你还需要一根橡皮带，“将整个蛋糕勒住，好让切面紧紧靠在一起”。

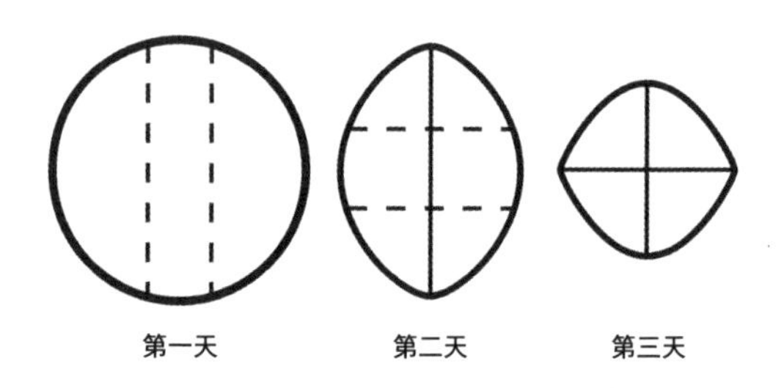

其实，数学家对蛋糕的痴迷可不是一星半点儿，甚至还有一种数列就叫切蛋糕数列。

数列是数学中很重要的一部分。在第三章里我们讨论的质数数列（2，3，5，7，11，…）可能是数学中最著名的数列，而第二著名的数列则应该算是斐波那契数列：以1，1开头，然后通过将前两个数字相加来构建出后面的数字——1，1，2，3，5，8，

13，21，34，55，…

数列中的每一个数被称为项。数学家会将数列写为x_1，x_2，x_3，x_4，x_5，…通常情况下，我们可以用公式来计算出数列中的任何一项，称为第n项。比如以三角形数列为例——你可以把这个数列看作是在游戏开始后摆出越来越大的三角形所需的台球数——1，3，6，10，15，…，要计算该数列中任何一项的公式为$x_n=n(n+1)/2$。所以，如果你想计算数列中的第10项，可以写$x_{10}=10(10+1)/2=55$。

好了，我们还是继续讲蛋糕数列。要理解切蛋糕数列，我们最好先从另一个相关的数列开始：懒厨师数列。

有个懒惰的厨师想要用尽可能少的刀数把比萨切成最多块。切1刀会得到2块，切2刀会得到4块。但这之后的问题就变得有些复杂了，3刀最多可以将比萨切成7块，4刀最多可以切成11块，5刀最多可以切成16块（见下图）。你可能会觉得这样切出来的比萨大小不均，但没法子，这位厨师就是有些暴躁。

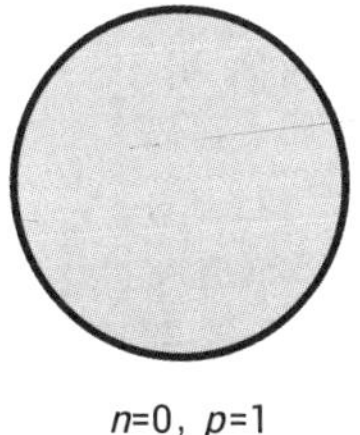

$n=0$，$p=1$

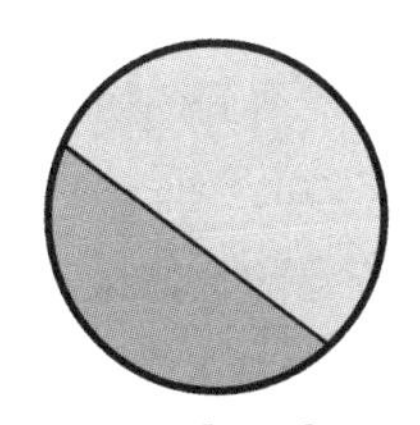

$n=1$，$p=2$

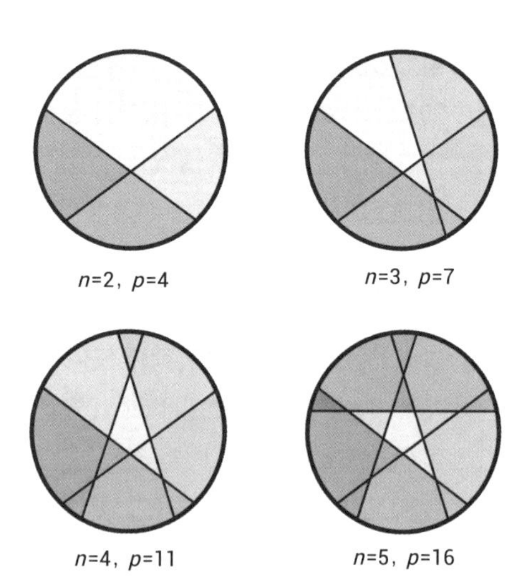

第1刀切下去后，懒厨师数列依次为2，4，7，11，16，…计算第n个项的公式为$x_n=(n^2+n+2)/2$。如果你切了20刀（$n=20$），那你最多可以切出211块比萨。

切蛋糕数列提高了难度，把问题从平面的2D比萨变成了一个立方体的3D蛋糕。在这种情况下，最多块数的公式为$x_n=1/6(n^3+5n+6)$。一刀刀切下去，我们得到的切蛋糕数列为2，4，8，15，26，42，64，93，…

好玩儿的地方来了。如果我们用切蛋糕数列中的后一个数减去前一个数，就会得到一个新数列：（4−2），（8−4），（15−8），…换言之，2，4，7，

11，16，…是不是看着眼熟？对了，就是懒厨师数列。

但如果你不想和脾气暴躁的厨师一样，想要切得更公平一点呢？数学家为解决这个难题可谓绞尽脑汁，也就是所谓的平分蛋糕问题（我就说数学家对蛋糕很痴迷吧）。

想象一下，两个人正在为公平地分蛋糕争得面红耳赤，那你如何才能确保分配公平呢？这时候你可以尝试用“走刀程序”（moving knife procedure）。你拿着刀从左往右从蛋糕上方划过，认为左半边更大块的人当刀走到一半了就喊停。喊的人心满意足地端走蛋糕的左半边（他觉得刚好是一半）。没喊的人则得到了右半边，也很满意，因为他觉得这是大半块，不然早喊停了。如此一来，双方就谁也不嫉妒谁，不会惦记对方的那块了。

讲到这儿，我们就进入了博弈论领域：逻辑决策背后的数学。博弈论要处理的问题，简言之就是在竞争的环境中，一个人的行为会如何影响另一个人的选择，以及如何采取策略。这一学科由约翰·冯·诺伊曼和奥斯卡·摩根斯坦在20世纪40年代创建，目的是解决经济学中的一些问题。

如果蛋糕在整体上分布均匀（同质的），那么“走刀程序”完全适用，但如果蛋糕一面撒着巧克力粉，另一面有彩珠糖（异质的）呢？你如何确保在分蛋糕的时候每个人都能得到自己想要的那块呢？因为在这种情况下，大家想要的已经不仅仅是数量上的平等了，而你肯定也不希望看到他们因为黄油乳脂而争得面红耳赤。

这种问题其实由来已久，甚至连《圣经》里都提到了。亚伯拉罕和罗得要分割迦南人的土地，于是选择了一种叫作“我分你选”的办法。第一个人把土地（或蛋糕，或任何东西）分成两半，然后让另一个人选择自己想要哪一部分。这个简单但聪明的办法能让双方皆大欢喜。分的人会用让自己满意的方式分，选的人也会选他认为最好的那一半。这种办法可以避免负责分的人明目张胆地把蛋糕切成一大一小，因为他很清楚，先挑的人会挑更大的那块。

如果想把蛋糕公平地分给三个人，情况则会复杂得多。直到20世纪60年代，约翰·塞尔弗里奇和约翰·康威才找到了一个解决方案。试想以下，伊泽贝尔、亚瑟、鲍伊三人正在为一块蛋糕争吵，有什么办法可以公平地把蛋糕分成三份呢？

鲍伊按照自己得到哪块都高兴的方式，先把蛋糕切成三块。然后，伊泽贝尔、亚瑟各选出自己最想要的那块。如果他俩选的蛋糕碰巧不同，那就大功告成了，鲍伊也会很高兴地拿走剩下的那一块。当然，如果伊泽贝尔和亚瑟想要的是同一块，解决办法就有些复杂了。

这时，亚瑟就得从他想要的那块上切下一点，让这块和他第二想要的那块对他而言都能接受。然后，伊泽贝尔从三块中任选一块。如果她没有选切过的那块，那亚瑟就得拿那块，但没问题，因为两块他都喜欢。如果她选了切过的那块，亚瑟还是会很高兴，因为他可以自由选择第二想要的那块。鲍伊也很高兴得到了剩下的那块，因为他最开始分的时候就认为三块都一样好。

那么，亚瑟从他最喜欢的那块上切下来的那一小块呢？当然也需要重新分配。分配的顺序取决于是伊泽贝尔还是亚瑟选走了切过的那块。假如是亚瑟，那么伊泽贝尔就把切下来的那一小块分成无论怎么选她都开心的三小块。接着，让亚瑟先挑选，以弥补他切了他最喜欢的那块的事。鲍伊第二个拿，他也应该心满意足，因为他在第一轮就拿到了自己最想要的，而且还可以在伊泽贝尔之前选——毕竟，伊泽贝尔是除了他之外唯一拿到最想要的那块的人。伊泽贝尔也很满意，因为她拿到了她认为都一样好的三块中的最后一块。我就说情况会变得很复杂嘛。[21]

几十年来，数学家都认为解决三人以上的蛋糕分配问题根本不可能。史蒂文 · 布拉姆斯和艾伦 · 泰勒曾在1995年设计过一个算法，不过切割的次数没有

---

[21] 走刀分配法也有一个三人版，叫斯特龙奎斯特走刀程序，涉及了四把刀和两次切割。

上限（数学家说这个解是“无限制的”）。

直到2016年，这个问题才取得重大突破。西蒙·麦肯齐和哈里斯·阿齐兹偶然间发现了一种更好的算法。他们证明了要将蛋糕平均分配给四个人，最多要切203刀。很快，他们又想到了如果分蛋糕的人有四人以上会怎么样。他们的算法非常复杂，类似于上面三人分蛋糕的步骤，只是参与者要不断地交换自己得到的那块蛋糕来确保公平。

麦肯齐和阿齐兹的解或许并不是无限制的，但很有可能是大到无法描述的天文数字。给五个人公平分配蛋糕最多所需的刀数后面跟着2184个0。对比一下的话，整个可见宇宙中的原子总数也“只有”10后面跟着80个0那么多。

与高尔顿的洞察力不同，这种迂腐教条的数学理论最终只会让你的蛋糕变质。所以，或许你就把蛋糕切成大致相等的部分，分完了事。当然了，要是给每个人都买一个蛋糕就更好了。

Chapter

咱不擅长猜概率

电视演播室中鸦雀无声，直到背景音乐中的心跳声打破了沉默。聚光灯逐渐降下，紧张的气氛随着鼓点般的心跳逐渐升高——扑通，扑通，扑通。

你已经来到这个游戏的终极对决，高潮即将来临。此刻，你将面临可能改变命运的抉择：你面前有A、B、C三扇门，其中一扇门后面有十万英镑，另外两扇门后面则各有一个土豆。轮到你时，你凭直觉选择了A门。

但接着，一个让你的肚子开始翻江倒海的反转来了。亲切的主持人没有打开A门，而是打开了C门，门口露出来一个土豆。[22]然后，她问你是继续选择A门，还是改成B门。如果是你会怎么选？选好后请继续往下读。

我猜你可能坚持选择A门。如果是这样，我猜你应该这么想的："还有两扇门，我知道奖金就藏在其中一扇后面，所以现在我赢得这笔钱的机会是一半一半。我一开始选了A，所以就继续选它。不然改了主意后发现本来选对了，那我会后悔一辈子的。"我猜得对吗？

㉒ 游戏玩到这个时候，主持人打开的那扇门后肯定没有奖金。

听起来似乎是非常明智的做法。然而，这也很可能是一个非常昂贵的错误，因为你绝对应该换一下选择。原因如下：你一开始选中奖金的概率是1/3，主持人打开一扇门并不会改变这个事实。总的来说，所有概率加起来必须等于1，因为钱肯定藏在其中一扇门后面。所以，现在只剩下两扇门，钱在B门后面的概率就是2/3了。虽然换选择并不能保证你赢得奖金，但可以让你赢得奖金的机会翻倍。

这个困境被称为“蒙提·霍尔问题”，得名于美国游戏节目主持人蒙提·霍尔。这个游戏让很多人不适，因为他们坚信在只剩下两扇门的情况下（一扇有奖金，一扇有土豆），赢得奖金的机会肯定是一半一半。如果你还是将信将疑，那我们从另一个角度来看看。

游戏开始时，门后面的物品排列有三种可能性。以下是你在开头选择A门后，在每种情况下坚持原来的选择和改变选择后的结果：

门A	门B	门C	主持人打开的门	坚持打开门A	如果你换一扇门
奖金	土豆	土豆	门C	奖金	土豆
土豆	奖金	土豆	门C	土豆	奖金
土豆	土豆	奖金	门B	土豆	奖金

（如果你想用更专业的术语，这个表格被称为“收益矩阵”，可以展示出战略决策的可能结果。）

可以看出，坚持选择门A的话，你只有一次机会能赢得奖金，但改变选择后则有两次机会。所以你总是应该改选。

在凭直觉判断概率上，蒙提·霍尔问题远远不是唯一一个可以揭示出我们在这方面有多差劲的例子。1713年，尼古拉斯·伯努利曾给数学家同行皮埃尔·雷蒙·德·蒙莫特写过一封信，大致提到了另一个假想的碰运气游戏：圣彼得堡博彩（得名于伯努利的堂兄丹尼尔在1738年公布该游戏详细信息时正居住的城市）。

游戏的玩法是先给你2英镑，然后你开始抛硬币。如果正面朝上，钱就翻倍，变成4英镑。如果下一次抛完还是正面朝上，就再翻倍，变成8英镑。一旦出现反面，游戏便会停止，但账户中的余额全部归你所有。接着，你可以再次从2英镑开始，继续玩，想玩多久都行。不对，这游戏有猫腻吧？是的，你不能免费玩，而是要先支付1000英镑的入场费。你还会参加吗？

大多数人一听初始投入这么高，都会有些犹豫，毕竟这风险好像太大了。但事实是，即使你手头没有1000英镑，也应该尽力凑钱去玩一下。为什么这么说呢？我们先来看看你很可能在学校学过的联合概率的规则。你可能一想起“和”与“或”就头皮发麻。如果我们想求出事件A或事件B发生的概率，把两个事件的概率相加就可以了。硬币是正面或反面的概率为1/2 + 1/2，也就是1，因为硬币落下来时不是正面朝上就是反面朝上。求连续两次得到正面的概率需要用乘法：1/2 × 1/2=1/4。

我们可以利用这个规则来计算伯努利游戏的期望值，也就是理论上你有多大概率在游戏中取胜。

硬币序列	可能的收益	发生概率	期望收益（第二列 × 第三列）
反	2 英镑	1/2	1 英镑
正反	4 英镑	1/2 × 1/2=1/4	1 英镑
正正反	8 英镑	1/2 × 1/2 × 1/2=1/8	1 英镑
正正正反	16 英镑	1/2 × 1/2 × 1/2 × 1/2=1/16	1 英镑
……	这个表格可以按此方式一直继续下去		

平均下来，每玩一次你就可以赢1英镑，而你玩一次可能平均只需要10秒钟——毕竟你只需要抛硬币就行。假设你可以忍受这样无聊乏味的游戏，连着玩12个小时的话，那你总共可以玩4320次，赢得4320英镑。比起你最开始投入的1000英镑，要是有机会玩一下的话，其实挺划算的。

当然，现实中可没人会让你玩这个游戏，但它却展示了一个矛盾：一方面是要玩就肯定能得到巨额回报；另一方面是大多数人不愿支付入场费。如果你永远玩下去的话，就能永远地赢钱。这再次表明，靠直觉估计概率常常会让我们失望。

人似乎天生就倾向于以某种特定的方式来思考问题。比如现在给你两个选择：选项A是100%可以赢得900英镑；选项B是有90%的概率赢得1000英镑，有10%的概率一无所获。你会选择哪个?

81%的人会选择A，因为A的预期收益是实打实的900英镑。选项B的预期收益是（0.9×1000）+（0.1×0）=900英镑。虽然在两种情况下，预期收益都是900英镑，但选择B你也有可能赢得1000英镑，那为什么你还是会选择A呢？因为一无所获的风险再低也是个风险，人们还是更愿意接受有把握的小胜利。

但如果把收益换成亏损时，情况就反转了。当被问及愿意选择100%会损失900镑，还是选择90%可能损失1000镑，并且有10%可能损失为0时，大多数人都会选后者。因为尽管在每种情况下预期损失都是900镑，但保住所有钱的机会再小也是个机会，人们愿意为此承担失去更多钱的风险。

好了，有了概率知识的武装，再加上你在蒙提·霍尔问题或者圣彼得堡博彩游戏中赢来的奖金，你准备和29名亲朋好友举办一个盛大的庆祝派对，那其中有两人生日相同的概率又是多少呢？即使你不确定该怎么算，也可以凭直觉先估计一下，然后再接着往下读。

典型的推理过程可能是这样的："一年通常有365天，所以在任意一天出生的概率是1/365。现在总共有29个人，所以概率肯定是29/365，大约为8%。"你是这样猜的吗？虽然看上去不太可能，但是从直觉上来讲应该差不多。但如果我告诉你正确答案是71%呢？这样的可能性其实很大。

上面那种算法中存在几个错误，比如我们只是计算了你和其中某人生日相同的概率。但实际上，我们要找的是任意两个人在同一天吹蜡烛的概率。房间里的每一个人可以与其他29个人中的任何一个人配对。所以，一对一配对的总数是（30×29）/2，即435对——除以2是因为我与你配对和你与我匹配是同一回事，不能重复计算。所以，实际上有435种配对的生日可能是同一天，超过了一年的天数。

我们需要记住概率的总和等于1，所以一个人在一年中出生在某一天的概率是1/365，而出生在其他日子的概率则是364/365。[23]通常来说，计算人们生日不同的概率更容易些，然后用1减去这个答案，就能得到生日相同的概率。

如果房间里只有两个人，那么他们生日不同的概率是364/365。加入第三个人后，他们可能与前两人中的任意一人配对，所以生日不同的概率是

---

[23] 实际上，这只是一个近似值。九月出生的人比其他任何月份都多，想想圣诞节的狂欢活动你就知道为什么了……

363/365。再加入第四个人的话，他可能与前三人中的任意一人配对，所以生日不同的概率是362/365。总的来说，我们要找的是两个人生日、三个人生日、四个人生日都不同的概率，所以必须将所有这些分数相乘。每次都将分数的分子减1，直到没有人为止。

对于上面的30个人来说，乘起来后的结果为0.29，也就是说有29%的概率这30个人的生日都不一样。那么，任意两人生日相同的概率就有71%。当人数增加到70时，有99.9%的概率他们的生日相同，基本上一定有。

我对这个所谓的“生日悖论”早有耳闻，但从未在现实生活中见过实例。所以在好奇心驱使下，我去查了一下有史以来最畅销独唱歌手的生日，结果发现竟然在排行榜的前二十名里，就有克里斯·布朗和阿黛尔这俩看起来八竿子打不着的歌手是同一天的生日。而在前五十名里，生日在同一天的组合还有猫王和大卫·鲍伊、埃里克·克莱普顿和席琳·迪翁、布鲁斯·斯普林斯汀和胡里奥·伊格莱西亚斯。

我的直觉是在所有这些生日组合中，只有猫王和大卫·鲍伊搞个二重唱的话，听起来会不错。但谁知道呢？毕竟我们已经了解了直觉其实没有大家以为的那样可靠，兴许有人就想听一段加了说唱的《你好》呢？

Chapter 9

一张纸对折103次后会比宇宙还宽阔

站在今天回头看，1900年似乎是个很遥远的年份。那一年是维多利亚女王在位的最后一年，白金汉宫发生火灾后的次日，她还罕见地露了一面。伦敦在那一年开通了地铁中央线，但城里每天依然有五万匹马拉着马车运送客人。温斯顿·丘吉尔在那一年首次当选议员，奥斯卡·王尔德在法国去世。当时一栋房子的月租金是25便士，英国人的平均年薪资仅有43英镑。

想象一下，如果你在1900年存下了1英镑（只比一周的工资多一点），然后把这1英镑投资到英国的股票市场里。那么，到2020年年底时会变成多少呢？

答案可能会让你大吃一惊：3.9万英镑。

如果你能努力把一年的工资都存下——也许是存了一辈子后——那么到今天，你的后代可能会坐拥多达170万英镑的财富。而在大西洋彼岸的美国，如果你在1900年将1美元投入股市的话，即使经历了1929年的华尔街崩盘、两次世界大战、2008年的全球金融危机和2019年的新冠肺炎疫情，现在的价值也仍会高达7万美元。

这些数据[24]充分展示了指数增长的强大威力，股票投资的时间如果够长，便可积累起可观的财富。

指数增长是指基于已有增长的增长，也就是增长本身持续增长的情况。让我们再以股票市场为例来说明。自1900年至今，美国股票的年均回报率为9.7%。所以一年后100美元可以增值为109.70美元。第二年时，你原来的100美元会再为你带来9.70美元的收益，加上上年增值的那9.70美元产生的收益，你总计能得到120.34美元。这就是所谓的复利，开始时增长缓慢，但最终会像火箭一样飙升。以这种利率计算，你的资金将每7.5年翻一倍。[25]虽然从100美元涨到200美元并不会改变你的生活，但在第92年到第100年之间，你的钱将会从50万美元翻倍至100万美元。你玩这个游戏的时间越长，每次翻倍的意义就越大。毕竟，耐心是一种美德。

有句常被认为是爱因斯坦所讲的名言是这么说的（虽然他可能从来没有说过）："复利是世界第八大奇迹。懂它的人会赚钱，不懂的人会为此买单。"正因为复利的巨大威力，所以我在孩子出生后的第一个星期就给他们设立了养老金（我甚至在出院回家的路上就寄出了相关表格）。虽然我跟别人讲起这件事时，

---

[24] 以上数据来自《2021年瑞士信贷全球投资回报年鉴》。

[25] "72法则"是指72除以利率的结果大概就是让你的钱翻倍所需的年数。

人家看我的眼神就好似我长了两个脑袋，但在我看来，不这么做才是傻到家了。因为我的孩子可能在70岁左右才退休，谁会拒绝70年的指数增长啊？尽管任何财务顾问都会告诉你过去的收益并不能保证未来的回报，但每月只需要一份点外卖的钱，我就有机会为他们存下七位数的退休基金，而且其中99.7%的钱甚至都不需要我来付。[26]

我写这一章的时间是2021年夏天，谈论指数增长，不提一下过去一年半发生的那些事似乎不太可能。新冠肺炎疫情就其必然会对我们的日常生活造成长久影响而言，可能是我们大多数人经历过的最重大的历史事件。长时间的封城状态极大限制了我们的行动自由。那么遵守规定为何如此重要呢？因为疫情会呈指数增长，且通常比股票市场回报增长更加激烈。如果你关注过新闻，应该会记得当时的传播率（也就是R值）有多么可怕。所谓的传播率就是指你自己患病后平均会传染给多少人，疫情初期的R值大约是3。

所以，如果你和其他人在一起的时候不戴口罩，不保持社交距离，便很可能会把病毒传染给其中的3个人。这3个人则会把病毒传给9个人，这9个人会传给27个人，进而再传给81个人。很快，一个人（你）便会导致120（3 + 9 + 27 + 81）个人感染。科

---

[26] 我这可不是在给你财务投资建议啊，请自行研究。

学家强调的打破传染链，就是这个意思。就像股票市场一样，即使是小的行动（如果足够及时）也可能带来巨大的回报。

在2020年10月新冠疫苗问世之前，伦敦帝国理工学院的一项研究发现新冠的致死率仅为1%。所以如果你当时乖乖待在家里，便可以让120人免于感染，相当于你直接救了某人的父母或祖父母一命。这种事你肯定已经干过很多次了。想必在未来几十年的数学课上，新冠肺炎疫情一定会是反复被提及的案例。

指数增长无处不在。过去几十年里，科技发展的突飞猛进不容忽视。回顾1900年到现在取得的成就，我们便会意识到人类究竟取得了多大的进步。你能想象新冠肺炎疫情期间没有互联网会怎样吗？或者我们只能拨号上网，你连打电话和浏览网页都无法同时进行的话，我们的生活会怎样？在流媒体上刷剧、看电影肯定不太可能，居家办公必然会困难得多，与朋友和家人保持联系也一样。

1965年，也就是英特尔（Intel）公司成立之前的三年，戈登·摩尔提出了计算机芯片的一种发展规律。在他看来，计算机芯片上那些开关和放大电能的晶体管的数量，大约会每两年翻一倍——这就是后来人们所说的摩尔定律。1954年时，便携收音机还称为晶体管收音机，上面有4～8个晶体管。而如今，苹果手机（iPhone）13内的A15 Bionic芯片上有150亿个晶体管。智能手机的计算能力早已远远超过当时送宇航员登月的计算机的能力。

人类迈着势不可当的步伐奔向越来越强大的技术，是指数增长的又一个例子，但我认为，人们对于未来几十年的技术成果和发展预期，还是说得太少了。为了让你明白我的意思，我想讲一个一千多年前的故事（可能和爱因斯坦那句关于复利的名言一样是虚构的）。这个故事的名字叫《米粒寓言》。

印度象棋的发明者塞萨把他的新游戏献给了强大的国王，国王非常赞赏，便提出塞萨想要什么奖赏可以自己提。狡猾的发明家要求在棋盘的第一个格子上放1粒米，在第2个格子上放2粒，第3个格子上放4粒，以此类推。国王虽然有点困惑，因为塞萨竟然没有索要宫殿、黄金、香料或妃嫔，但他还是欣然同意了。到这里，各位应该能看出这个故事要讲什么了吧。米粒的数量在每个后续格子上会翻倍，也就是呈指数增长。

国际象棋棋盘上有64个格子，所需的总米粒数量等于：

$$2^0 + 2^1 + 2^2 + 2^3 + 2^4 + 2^5 + 2^6 + 2^7 + \cdots + 2^{63}$$

（请注意，2^0等于1，任何数的0次幂都是1。）

故事中这个数列的总和是$2^{64}-1$，即18 446 744 073 709 551 615，相当于1.4万亿多吨

的大米，几乎是现在全球年产量的3000倍。如果我们以当前的产量从铁器时代开始生产米，那么也要到现在才勉强产出足够多的大米来兑现国王的承诺。可即便有这么多米，这堆起来的高度也会超过珠穆朗玛峰。在不同版本的故事中，塞萨要么因鲁莽被斩首，要么利用自己的聪明才智成了新的国王。

但这个故事与技术的指数增长有什么关系呢？在故事中，从第10个方格（1024粒米）跳到第20个方格（接近105万粒米），似乎已经是一个巨大的飞跃了，但其实这也才“仅仅”增加了约100万粒米，跟从第40个方格（约110万亿粒米）跳到第50个方格（约1100万亿粒米）的巨大增幅相比，简直不值一提。同理，从晶体管收音机到苹果手机似乎已经是巨大的技术飞跃了，但这同苹果手机和不久之后可能出现的技术（如第三章中提到的量子计算）之间的差距相比，也是微不足道的。所以，一些技术专家才会常说我们现在正处在“棋盘的后半部分”。后期的倍增要比开始时大得多，就如本章开头提到的股市回报一样。

还有一个有关指数增长的例子要比棋盘上的米还让人难以置信。一张纸的厚度通常为0.1毫米。如果将它对折一次，厚度会翻倍。对折16次之后，纸的厚度将超过一栋普通房屋的高度。到对折30次时，它的厚度已经达到107千米，比我们到太空的距离

（100千米）还要远。对折42次后，纸的厚度将越过月球，对折67次后将冲出太阳系。等到第83次对折时，纸的厚度已经跟我们的银河系（包含了数千亿颗星星，其中包括太阳）一样宽了。如果你能将纸对折103次，那么它的厚度将超过整个可观测宇宙的直径（约930亿光年，或近1万亿万亿千米）。

这个时候，纸的厚度已经是最初厚度的一千万万亿万亿倍。诚然，这已经是一个大到难以想象的天文数字了，但数字最大能到多大？有上限吗？要回答这两个问题，我们得入住一家不同寻常的酒店……

Chapter 10

无穷大也有大小

无穷大酒店是个不同寻常的地方。它有无限个房间（当然还有个无边大泳池）。这一天，一名疲惫的旅人来到前台办理入住，但客房已经全部订满了。但幸运的是，这种情况并不是第一次发生，经验丰富的前台说自己知道该如何应对，勇敢的旅人这才松了一口气。前台想出来的办法很简单，那就是让每位客人都换到下一号房间住，1号房的去2号房，2号房的去3号房，以此类推，N号房的人去N+1号房。这样一来，新来的客人就可以去1号房歇脚了。

第二天晚上，一群刚刚参加完单身汉聚会的年轻人跌跌撞撞地走了进来。他们都错过了回家的最后一班车，一共有25个人，都想入住酒店。前台想了想，觉得没问题，只需让每个已入住客人搬到N+25号房，然后让他们住进前25个房间就行了。

无穷大酒店服务周到的消息不胫而走。第二周，一辆大巴载着无限多个客人来了。幸运的是，酒店前台喜欢通过阅读数学书籍来熬过漫长的夜班，她只需把现有客人的房间号翻倍。让每个在N号房的人都搬到2N号，也就是偶数号的房间，那所有奇数号房间就空出来了。由于奇数有无限多个，所以无限多的客人也都能入住了。

但接着，前台迎来了她迄今为止职业生涯中的最大挑战。走出去透气时，她看到外面停了无限多辆大巴车，每辆车里都坐着无限多个客人。不过，她依然临危不乱，利用了我们在第三章学到的“质数有无限多个”的事实，让每个已入住的客人都使用第一个质数2，从N号房搬到2^N号。于是，1号房的客人就去了2号房，2号的去了4号，11号的去了2048号。

第一辆大巴上的人使用第二个质数3，都去3^k号房，这里的K是各人在车上的座位号。于是，第一个人去了3号房，第二个人去了9号房，第21个人去了10 460 353 203号房。照这个规则，每一辆新大巴车上的客人都使用下一个质数，所以第二辆大巴上的人都去了5^k号房，第三辆大巴上的人去了7^k号房，依此类推。

如此一来，每个人便都有了一个独特的房间号。[27]但奇怪的是，尽管现在无穷大酒店外面已经停了无限多辆大巴车，每辆车上都装着无限多的客人，可刚开始时已经客满的酒店现在却空出了很多房间。这是因为有一些数字是无法通过求质数的正整数次幂来得出的，比如1、6、10、12、14、15。实际上，这样的数字有无限多个。因此，无穷大酒店现在有无限多的已入住房间和无限多的空房间。

---

[27] 还有其他方法，比如用第七章中的三角数来分配房间。

难以置信，对吗？这个虚构的酒店最早由德国数学家戴维·希尔伯特在20世纪20年代讨论过，因此你可能也听过有人把无穷大酒店称作希尔伯特酒店。这十分巧妙地说明了无穷大是个多么反直觉的概念。写到这里，我其实有点耍赖，因为这是一本关于数字的书，但无穷大严格来说并不是一个数字，而是有关无限性的想法、概念或观念。但我希望你能原谅我，因为这样一本书如果不以无穷大结束，就会显得不完整。

不过，无穷大有大小是什么意思呢？这就要涉及数学的分支集合论了，该理论在19世纪70年代由理查德·戴德金德和格奥尔格·康托尔提出。集合就是指一组事物（称为“元素”）的集合或群体。我们可以想象有7只猴子和7头大象。当我们说这些动物的集合大小相同时，实际上是指我们可以将猴子和大象一一对应，这样每只猴子都可以和一头大象配对，没有动物是落单的。

让我们来比较两组数字：所有正整数（自然数）和所有正奇数。乍一看你可能认为第一行比第二行更大，但我们来仔细看一下：

1 2 3 4 5 6 7 8 9 10 …

1 3 5 7 9 11 13 15 17 19 …

可以看到，每个正奇数都可以与唯一的自然数对应，就像每只猴子都可以与一只大象对应一样。[28]因此，就像上面两组动物一样，这两个集合也有着相同的大小：都是无穷大。这就是为什么在现有客人的房间号翻倍，腾出奇数号房间后，前台依然能为无限多的新客人办理入住。每个新客人（上面那行）都可以对应一个唯一的房间号（下面那行）。

那有理数呢？在第四章中，我们已经了解到无理数（如 π）不能表示为简单分数，但有理数可以。现在我将把这些分数列成行：

1/1　2/1　3/1　4/1　5/1　6/1　7/1　8/1 …
1/2　2/2　3/2　4/2　5/2　6/2　7/2　8/2 …
1/3　2/3　3/3　4/3　5/3　6/3　7/3　8/3 …
1/4　2/4　3/4　4/4　5/4　6/4　7/4　8/4 …
…

如果以这样的方式一直进行下去，我将会写出所有可能存在的正有理数。同理，负有理数也可以都列出来。但我们能否把这些有理数与自然数一一对应呢？如果我只是按最上面那行一直写下去，根本写不完。换言之，最上面那行的每个分数都能对应一个自然数，但我永远都不可能继续写第二行的那些分数。

当然了，如果我够狡猾的话，也可以换另一种方式，斜着来回写，进而列出所有正有理数的集合——

㉘ 数学家会说，在这两组元素或两个集合之间存在“双射函数”或一一对应的关系。

你可以按下面的顺序，用手指在上面那个表上画一画：

1/1，1/2，2/1，3/1，2/2，1/3，1/4，2/3，3/2，4/1，5/1，4/2，…

这个集合尽管不是按照数值顺序排列，但依然包含了每个正有理数，即集合中的每个元素。为什么顺序在集合中是无关紧要的？这就好比辣妹合唱团的成员无论是按照字母表的顺序（宝贝辣妹、疯狂辣妹、姜汁辣妹、时尚辣妹、运动辣妹）来排，还是按从高到矮的顺序（运动辣妹、疯狂辣妹、时尚辣妹、宝贝辣妹、姜汁辣妹）排，所有五名成员都在其中。

如前所述，我可以将有理数集合中的每个元素都与一个自然数[29]一一对应。因此，有理数集的大小与自然数集的大小相同。即使仔细想一想，你也肯定还是觉得有点不可思议。你本来还以为所有分数（按定义来说就是整数的一部分）集合里面的元素，肯定会比所有整数集合里面的元素多很多。但事实并非如此。

自然数、奇数和有理数的集合都是大小相同的集合，数学家会说它们都是“可数的无穷大”。

集合中的元素总数被称为集合的基数。之前提到的猴子和大象的集合都有7个元素；辣妹组合的集合有5个元素。数学家用希伯来字母aleph（读作阿列

㉙ 由于2/2和3/3等于1，所以都是1/1的重复。忽略这些重复项后，我们也仍然可以将剩下的每个分数同一个正整数对应。

夫）和0来表示可数无穷集合的基数，写作$\aleph_0$（$\aleph$为阿列夫的表达式）。

但是，有些无穷集合甚至还要更大。事实上，有无穷多个比可数无穷集合更大的无穷集合。（你晕了没?！）

让我们来看一个称为实数集的集合。这个集合中的元素代表了从负无穷到正无穷[30]之间所有的数字，包括有理数和无理数。为了简便起见，我们只关注0和1之间的实数。

和有理数一样，让我们假设负无穷到正无穷之间的实数是可数的，然后随便写一列数字：

0.1111111…

0.2222222…

0.3333333…

0.4444444…

0.5555555…

0.6666666…

康托尔的天才之处在于提出了一种从列表中创建另一个数的过程（有点类似于第三章中欧几里得的无限质数证明），这被称为康托尔的对角论证法。新的数是通过沿着从左上到右下的对角线取数字来创建的。所以，从第一个数取小数点后的第一位数字，从第二

---

[30] 负无穷和正无穷本身不是实数。

个数取第二位，从第三个数取第三位，依此类推。

对我们的列表进行这样的操作，得到的数是0.123456…。然后，每个数字都加1，得到第二个新数：0.234567…。关键的地方来了，这第二个数与列表中的任何其他数都不同，甚至是我们没有写出来的数。为什么呢？因为小数点后的第一位数字不同，所以它不和第一个数相同。第二位数字不同，它也不和列表中的第二个数相同。而且你猜对了，它与列表中的第一千个数也不相同，因为它的第一千位数字也不同。康托尔证明了我们不可能列出所有的实数，因为你总可以使用对角法创建出一个列表中没有的数。

换言之，实数集是不可数的无穷。就像我们不能将8只大象与7只猴子一一对应那样，实数也无法与自然数一一对应。不可数无穷集的基数用$\aleph_1$表示，因为它比$\aleph_0$大。这意味着大小不同的无穷集合是存在的，或者说无穷大也有大小。不可数无穷集要比可数无穷集更大。

试想一下，一个脑细胞数量有限、本身数量也有限的灵长类动物的集合，在有限的时间内，竟然从掰指头数数发展到了思考无限广袤的无穷大，这是一段多么不寻常的旅程啊！

致谢

写书永不过时。八年前我的第一本书出版，如果当时有人说，我会在不到十年的时间里写出二十本书，我一定会觉得是天方夜谭。就像本书第一章里的英国牧羊人一样，现在我已经用完了数数的手指和脚趾，接下来只能往口袋里放石头来计数了。

非常感谢您阅读这本书，让我可以继续从事喜欢的工作，并以此谋生。也要感谢凯蒂·斯特克尔斯博士，她是《关联游戏》获胜队的队长和数学教育传播者，感谢她的那双火眼金睛，帮我修改了许多细节。

虽然我的数学老师可能永远不会看到这本书，但我还是想感谢他们，尤其是哈里森女士。正是那些老师挖掘了我的数学潜力，对我严格要求，并给我提供了无数个机会，让我去探索日常课程以外的东西。每周六早上的数学大师班，则让我体会到了数字（以及数学家）可以多么好玩、有趣。

最后要感谢我的经纪人詹姆斯和编辑小鲁，没有他们，这本书无法成功面世。

Vires in numeris.（数多力量大。）

科林·斯图尔特

2021年8月

小开本 CNπ Q T
轻松读文库

产品经理：姜　文
视觉统筹：马仕睿 @typo_d
印制统筹：赵路江
美术编辑：程　阁
版权统筹：李晓苏
营销统筹：好同学

豆瓣 / 微博 / 小红书 / 公众号
搜索「轻读文库」

mail@qingduwenku.com

X

Y

Z